JN037364

変形菌

ミクソヴァース

写真・文 **増井真那**

集英社

こんにちは! 増井真那です。

ぼくは5歳のころから
変形菌が大好きで、
6歳から変形菌といっしょに
暮らしています。
いま20歳で、
変形菌の研究を始めて
14年になります。

「いたいた!　変形菌!」
どこにいるかわかりますか?
わからなくても、だいじょうぶ。
さあ、ぼくといっしょに
変形菌の生きる世界へ。

| 上 : 指の先に 2cmくらいのちっちゃい子が。
| 下 : 黄色い子と出会えたのがうれしくて自撮り。

ぼくは変形菌の生きる姿を見つめてきました。

テレビの自然番組で観た「変形菌」に魅入られてしまった5歳のある日。それ以来、家の外では常にこの美しく不思議な生きものを探し求め、家ではかわいい「変形菌＝うちの子たち」とともに暮らしながら、9歳で見出したテーマ「変形菌はどのような自己を持って生きるのか」を探究し続けています。

覚えておくと、もっと楽しめる言葉

1 変形菌（へんけいきん）

動物でも植物でもないし、「菌」でもない（！）アメーボゾアという生きもののなかま。形を変えながら生きていく。腐った木や落ち葉だまりなどでよく見られる。数億年前から、今日と変わらない姿で生きてきた。1000種以上が確認されている。

2 変形体（へんけいたい）

変形菌の形態のひとつ。アメーバ状でネバネバムニムニ。1時間に1㎝ほどのスピードで動き回る。バクテリア（細菌）やキノコなどを食べ、数㎜から数十㎝、ときには1mを超える大きさに成長する。たった1つの細胞でできている（単細胞）。

3 子実体（しじつたい）

変形菌の形態のひとつ。変形体から変身してできる。種によって色や形はとても多様で、1匹の変形体から1㎜ほどの無数の子実体ができる種もあれば、大きな子実体をひとつだけ作る種も。その役割はひとつ。蓄えた胞子を外にまき散らし、子孫を残すこと。

4 胞子（ほうし）

子実体のなかに無数に作られる。直径は0.01㎜前後でとても軽く、風にのって飛ぶことができる。胞子のなかからはアメーバが出てくる。アメーバどうしがくっつくと、変形体となる。

目次

ある日、森のなかで。

巨大な倒木の奥まったところに
オレンジ色の変形菌がいます。
クモや昆虫、ミミズやダンゴムシ、キノコ、貝、
カビ、コケやたくさんの植物たち。
さらに目に見えない無数の微生物たち。
この変形菌は、でっかい自然のなかで、
そんなたくさんの生きものたちと
ともに生きています。

Hemitrichia serpula ヘビヌカホコリ 子実体

この子は変形菌。

森の大きな切り株に変形菌がいました。

約30㎝ほどに育ったこの大物、

最初は1㎜もなかったはずです。

形を変えながら生きる変形菌のこの形態は

「変形体」と呼ばれます。

変形体はムニムニと這い回ります。

1時間に1㎝ほど、ときにはもっと速く移動しますが、

じーっと何時間も動かないこともあります。

目に見えない微生物、バクテリアなどを

栄養として摂りながら大きく育ち、

やがて次の形態に変身します。

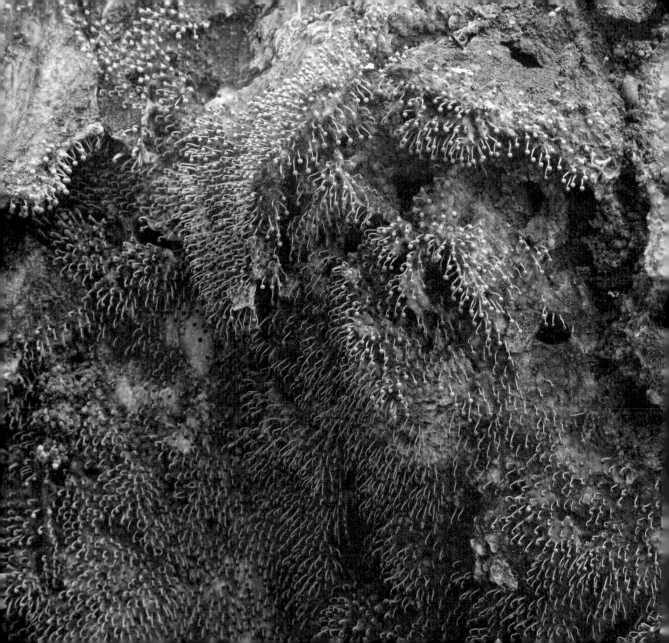

この子も変形菌。

変形するから変形菌。

動き回る変形体は、ある日突然このような、

おびただしい数の「子実体」に変身を遂げました。

この状態になると、もはや自らの力で動くことはありません。

ひとつの子実体が高さ2㎜くらい。

先端の丸い部分は直径0.4㎜ほど。

この子の場合、1匹の変形体から、

おそらく1000以上もの子実体が

できているのではないでしょうか。

これらの子実体は、

丸い部分に蓄えた胞子を外の世界に飛ばします。

胞子たちは、この変形菌の子孫になります。

これで完成？

変形体から高さ1.5mmほどの子実体へと
無事に変身することができました。
とてもきれいに「完成」した子実体。
だけど、変形菌の身になってみると、
この姿は本当に完成と言えるのでしょうか？
子実体の唯一の役割は
なかに蓄えた胞子を外に飛ばすこと。
この子実体たちは、
まだその役割を果たしていません。

よし、行くぞ!

子実体は「美しく完成した姿」から、

ときを置かずに壊れていきます。

この子実体は鮮やかな黄色から、

数日してすっかりくすんだ色に変わり、

そして見事なひび割れを見せています。

その隙間からは茶色っぽい胞子が見えています。

これはまさに、無数の胞子たちが

飛び立とうとしているところ。

子実体の役割は胞子を飛ばすことですから、

壊れゆくこの姿こそが

子実体の「完成」とも思えるのです。

いまはまだ小さな。

雨の合間、しっとりと潤った森のなかで
小さな変形体と出会いました。
この子は、いままさに餌を食べて
大きくなろうとしているところでしょう。
「この変形体からは数百の、
大きく育てば数千の子実体ができるだろう。
そして子実体たちからは数百万か、
もしかしたら数億もの胞子が飛び立つだろう。
この森には、どれほどの変形菌が
そのように暮らしているのだろう？」
森に立つといつも考えます。

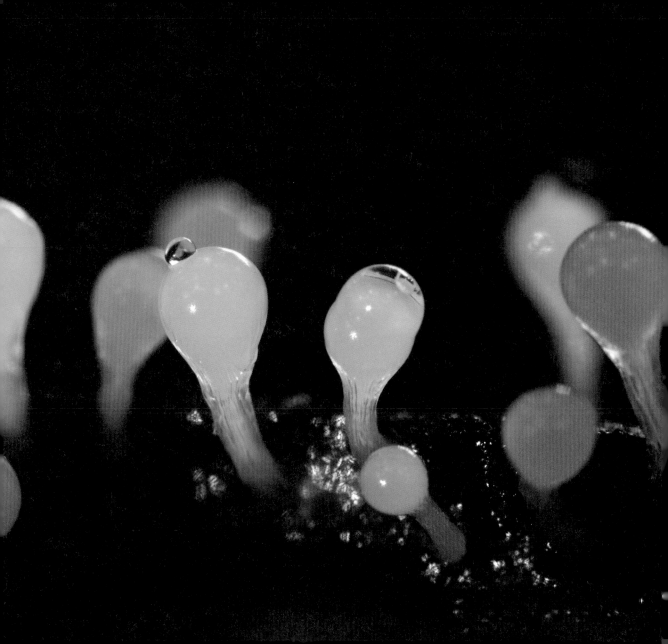

雨 が 降 っ て き た 。

変形体から変身を始め、

上に向かって高さ2mmほどに立ち上がり、

形が子実体らしくなってきたところです。

この「未熟」な状態は透明感があって美しいのですが、

とてもとてもやわらかくて脆いのです。

雨が降ってきました。

水滴がのった姿は

美しさを際立たせてくれるように見えますが、

その衝撃と重みのせいで形は歪んでしまいます。

雨はどんどんひどくなっていきます。

変身は失敗に終わるでしょう。

大仕事を終えて。

梅雨空の合間、
サクラの樹に生えたコケのふとんの上で、
変身という大仕事を終えて
のんびり過ごす子実体たち。

頭 上 注 意 。

できたての子実体が七色の光沢を放ち始めました。
下の方に見える子実体たちは
まだ熟しきっていない段階で、
黒光りしています。
ひとつだけ、頭がつっかえて縦長になるはずが
丸くなってしまっている子がいますね。
ちゃんと完成できるかな。
なかの胞子はぎりぎりセーフかも。

止まらない生。

変形体が、あっという間に子実体への変身を始めました！
泡立ち、沸きあがるようなその姿からは、
爆発的な躍動を感じます。
変形体は「子を産み落とす」というよりは、
自分の体全体を子実体に、
つまり子孫に当たるものに「作り変えて」しまいます。
親・子・孫がともに生きていく私たち人間からみると、
変形菌はまるで、自らの生をやり直しているかのようです。
この言葉が変形菌から聞こえてきます。

「これが生か！　ならばもう一度！」
「わたしは永遠にくりかえし、この生に帰ってくる」

（ニーチェ『ツァラトゥストラ』より）

ここで生きてきた。

梅雨のある日のこと。

ジメジメした木陰に、

ほんのわずかに日が射していました。

のぞき込んでみると、

ツブツブの子実体たちがそこかしこに。

枯れ葉に、小枝に、青々とした葉に。

ここがこの子たちの棲むところ。

パリン。

薄い陶器のような白い壁がパリンと割れると、

なかにはもう一層、グレーの薄皮があって、

その内側に黒っぽい胞子がいっぱい詰まっています。

胞子たちの一部は、もう外の世界に出てき始めていますね。

1mmほどしかない子実体の中心に

「お豆」も入っています。

この豆のようなものから生えた

たくさんの「毛」が、

無数の胞子を蓄える構造になっています。

夜 。

虫の音だけが聴こえる、静かな真夏の深夜。

切り株の表面から、ただならぬ緊張感が伝わってきました。

昼間のうちに這い出してきた変形体が、

子実体に変身しようとしています。

この大勝負はまだ始まったばかり。

ようやくツブツブ状になってきたところです。

夜が明けるとき、

立派な子実体になることができているのか。

先はまだまだ長い。

変形菌の変形体は、実は夜に変身することが多いのです。

いつもにぎやか。

秋の高原で、落ち葉の上にいる、

けっこうレアな子に初めて出会うことができました。

高さはわずか1mm弱。

ぷるんとした形、緑と黄色の間のような繊細な色、

超接近してこそわかる表面のボコボコした構造。

見とれていたら、ビョーンと

マルトビムシのなかまが跳んできました。

これから美味しくいただこうとしているのか、

それともただ通り過ぎていくのかも。

いつもいろいろなたくさんの生きものたちが、

変形菌を訪れます。

雪とともに。

4月の高原で、

雪の下で暮らす「好雪性」の変形菌に出会えました。

これはゆるんできた雪の隙間を

そっとのぞいてみたときの様子で、

埋もれていた枯れ枝に

高さ1mmほどの子実体ができていました。

この虹色の輝きは光があってこそ。

光が届かない世界では、誰が見ることもありません。

0℃近くの低温でも胞子が発芽するという、

雪に閉ざされたこの生きものの生態は、

まだ詳しくはわかっていないのだそうです。

風を待つ。

高さ1cm以上もある大型の子実体です。
上の細長い焦げ茶色の部分に、
たっぷりと胞子を蓄えています。
そよそよと風が吹けば、
胞子たちは空中に放たれます。
少しずつ胞子は抜け、
子実体は白っぽくなっていきます。
自ら動くことができない子実体は、
じっと風を待っています。
いまは風が凪いでいます。

飛べ！ 私たち。

胞子が風に舞っています！
茶色いケムリのように見えるのは、
幾千もの、もしかしたらそれ以上の胞子たち。
ごく小さく軽い、この胞子たちは、
子実体のすぐそばに落ちるものもあれば、
風にのって天高く舞い上がり、
ときには成層圏にまで達し、
遠く海を越えることすらあるといいます。
この「新しい自分たち」は別れ別れになり、
それぞれの生の物語を紡ぐことでしょう。

| *Stemonitis* sp.　ムラサキホコリのなかま　子実体

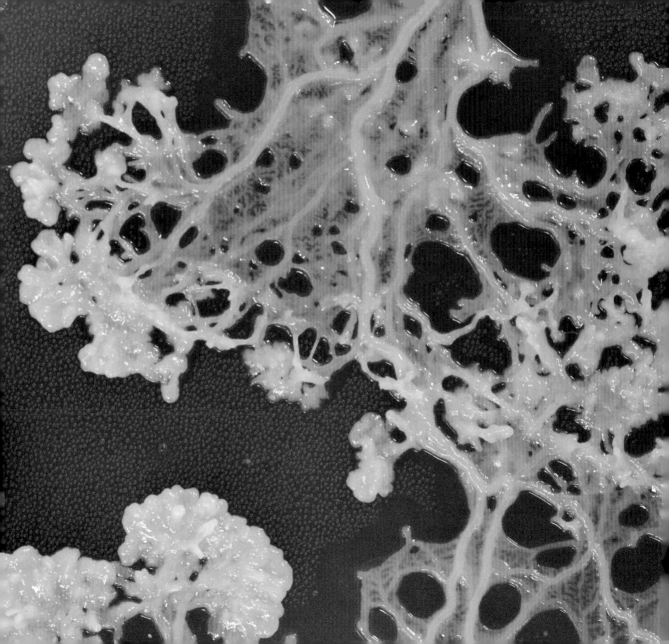

うちの子イタモジホコリ。

大食漢<ruby>大食漢<rt>たいしょくかん</rt></ruby>な元気者で、

ちょっとぐらい傷ついても瞬く間にふさいでしまう。

<ruby>俊足<rt>しゅんそく</rt></ruby>で突進力が高く、

あちこちに手を伸ばしながら、

わーいって勢いよく行っちゃったかと思うと、

何かにびっくりしてきゃーっと逃げてくる。

立派な体格に似合わずハートは敏感！

おっちょこちょいで、おバカさんなところがかわいい。

実験には協力的で、

かっこいいところをいっぱい見せてくれる。

6歳のころからずっといっしょに暮らしている、

ぼくのいちばんのお気に入り。

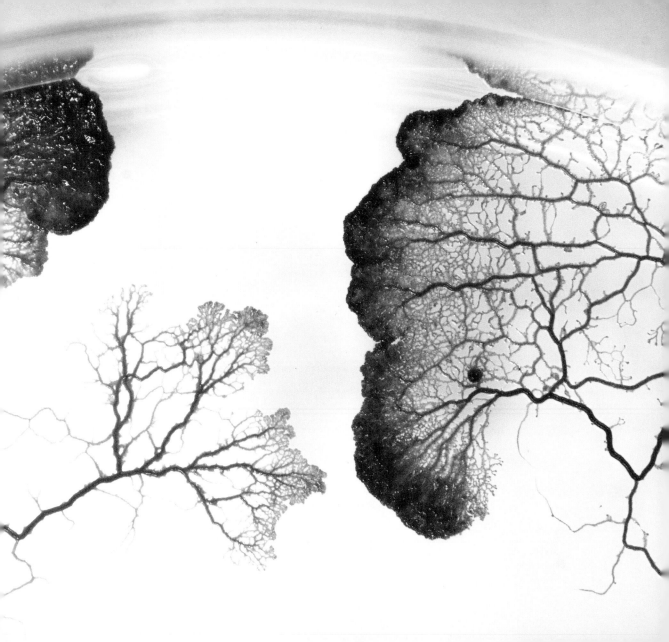

うちの子アカモジホコリ。

寒いところが好きで、温度管理には気をつかうけど、
自然のなかで出会えるのはなぜかいつも夏。
動きはとても遅く、繊細で弱々しく見えるが、
実は超しぶとくて気が強いところがある。
非常事態になると黄色くなるのでびっくりするけど、
元気になればまた赤くなる。
バラバラに分かれたり、
全員集合したりしながら長生きし、
10年以上もぼくといっしょに暮らしている子もいる。
実験には非協力的だけど、キレイだから許せちゃう。

上へ。上へ！

梅雨真っ盛り。森全体がたっぷりと湿気を含み、
向こうに見えるキノコたちも元気です。
積もった枯れ葉のなかでゆっくりと育った変形体は、
光ある方を目指しました。
その先にあるものが植物であろうが
金属やプラスチックでできた
人工物であろうがおかまいなし。
上へ。上へ。
夕方、たどり着いたその場所で、
子実体への変身を始めました。

「異常あり。でも問題なし」

真夏の森に、高さ2㎜ほどで
頭の部分（子嚢）が白く見える子実体がいました。
よく見ると、様子がおかしいです。
ほわほわ、キラキラしたカビがびっしり生えていたのですね。
白いのはカビで、この子実体はもともとは茶色だったはずです。
カビに襲われて、この子は死んでしまったのでしょうか。
いいえ！　だいじょうぶ。
これから子実体が壊れれば、なかから胞子がこぼれ出て、
元気に飛んでいくでしょう。

生きものたちのマンション。

前日の雨が水滴として残る、腐った倒木の陰。

白いカビ、クモの網、コケとともに変形菌たち。

異なる種の変形菌がいっしょにいるのは、よくあることです。

ケンカもせず、逃げもせず。

ひと足先に変身を成功させた赤い子実体を横目に、

黄色い変形体は

「お、うまくできたね。こっちもそろそろやろうかな」

などと考えているのかもしれません。

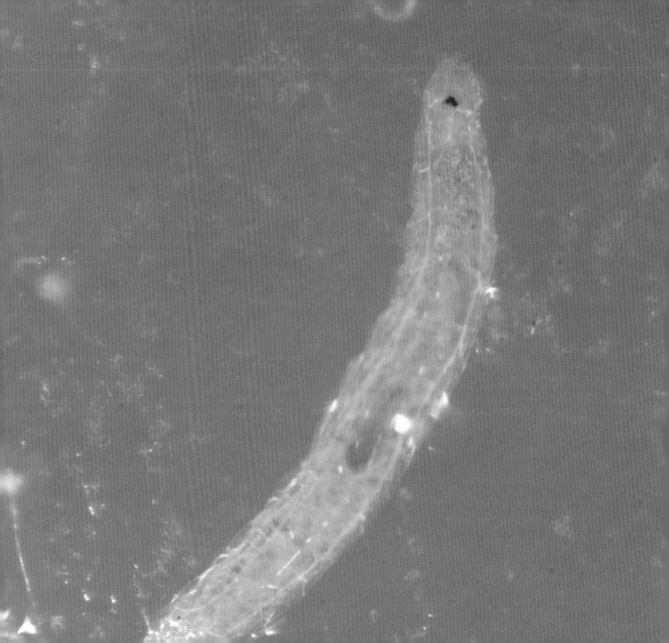

ごちそうさまでした。

変形菌の変形体の周りには、小さな生きものがたくさんいます。

体長3mmほどの線虫もそのひとつです。

いつも変形体のそばにうようよいます。

これはそのなかの1匹で、身をクネクネよじりながら、

変形体に頭を突っ込んで食べていました。

飲み込んだ黄色い変形体が透明な体内から透けて見えます。

こんな風に寄ってたかって食べられても、

元の変形体は涼しい顔。

線虫たちから逃げようともしないし、

彼らを滅ぼそうともしないで生きていきます。

ひっそりと大忙し。

倒木の裏側にできている隙間をのぞき込むと、

そこには4㎝ほどに広がった変形体がいました。

うっすらピンク色で、

ひっそりと静かに、

時間が止まったかのように佇んでいます。

でも、ここにはバクテリアなど

目に見えない生きものがいっぱいいるでしょう。

それらをせっせと食べて、

変形体は、いま大忙しなのかもしれません。

雪を後にして。

雪の下で暮らす「好雪性」の変形菌です。

早春のよく晴れた高原で

メタリックな虹色を見せてくれました。

この種の変形菌は多くの場合、

雪のなかに埋もれた枯れ枝などの上で子実体になります。

この場合は、青々とした草の上で

高さ1㎜ほどの子実体に変身していました。

溶けていく雪のなかから変形体が出てきたのでしょうか。

ちょっと珍しいところを目撃できました。

次の自分へ。

朽ち木の表面に変形体が出てきて、

子実体への変身を始めました。

変形体は何かにへばりつき、そこを這い回るもの。

だけど子実体になるときには、

自分の力で新たな構造を作りながら

空中に向けて懸命に伸びようとします。

この子はいままさに、その最中にあります。

高さはまだ3㎜ほどしかありません。

その姿は「生まれたて」の新鮮さ、

やわらかさ、弱々しさと同時に、

自分を形作っていこうという

強い意志のようなものを感じさせます。

緊急避難形態！

乾燥などきびしい状況にさらされると、
変形体は「菌核」というパリパリに固まった
休眠状態に移行します。
菌核は高温・低温に耐え、飲まず食わずのまま
何年間も無事でいられます。
周囲が生きやすい環境になると、また変形体に戻ります。
この落ち葉だまりには
同じ種の元気な変形体も子実体もたくさんいたのに、
この子は菌核になりつつあります。
人間の目からは「同じ場所」と見えても、
ほんのちょっとした違いが変形菌には
大きく影響するのでしょう。

「ここに決めました」

変形体たちは落ち葉だまり、腐った倒木や切り株で
暮らしていることが多いです。
湿り気があり、直射日光から隠れられ、
食べ物となるバクテリアなどがたくさんいるから。
だけど、変身して子実体になるときは事情が異なります。
この子は落ち葉の世界から出てきて、
子実体が乾きやすいところ、
胞子が飛びやすいところを求め、
青々とした植物に登って変身したのでしょう。

夕方、世界の片隅で。

汗ばむ晩夏の静かな夕方のことでした。

切り株の奥をのぞき込むと、

そこにはちょっとにぎやかな世界がありました。

高さ2㎜ほどの子実体が弾けて、

およそ8㎜にまで膨らみました。

大量の赤い胞子が我も我もと外に出てきています。

水滴も赤く染まっています。

その手前をムカデが

子実体に目もくれず横切っていきます。

この直後、アリが1匹やってきて、

体を胞子で真っ赤にしながら

子実体を1本もぎ取っていきました。

Arcyria magna f. *rosea*　アカオオウツボホコリ　子実体

みんな居場所を探してる。

地上からの高さおよそ1.8m。

コケむす大木の表面に子実体たちが。

多くの変形菌は低いところ、

地面に近いところで生きています。

でも、この子がたどり着いた場所は、

生きた樹木の表面、

それも変形菌からすれば地上からはるか上でした。

また来年もこの樹で会えますように。

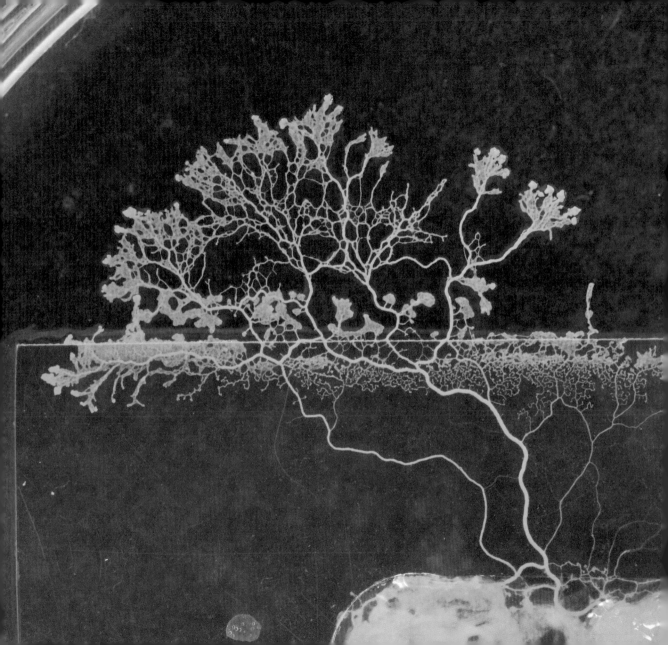

大脱走。

実験中のできごとでした。

右下の実験区域で、

うちの変形体にそれほど負担にならないことを

してもらっていたのですが、

狭いところに飽き飽きしたのか、

パーっと逃げて行ってしまいました。

それから10時間後。

のびのび広がって楽しそうです。

しばらくこのままにしておいてあげましょう。

真夏の氷。

ひんやり冷たそうに見えるけど真夏。

氷のように硬そうだけどプルプルです。

変形菌の胞子は子実体の「内側」にできるものですが、

このツノホコリのなかまだけは「外側」にできます。

ニョロっと生えた子実体の周りを覆っている

産毛のようなものひとつひとつに、

1個ずつ胞子がついています。

この姿はできたてのいまだけで、

やがて水分を失うとニョロニョロはしぼんでしまうのです。

でも、その後も胞子たちは元気に旅立ち続けます。

森を泳ぐ。

変形体は、森に染み込むように生きている存在です。

ときに樹皮の裏側の奥深くを、

ときに表に出てきて。

「平ら」という概念を知らず、

複雑に入り組んだ立体的な3Dの世界のなかで、

自分自身の形を千変万化させながら、

泳ぐように動き回ります。

いま、見えている部分だけで全長10cmほどの変形体。

その表情は、とても激しく荒々しく見えます。

変身パーティー。

強い西日が射す壁を懸命に登る、登る、白い変形体。

落ち葉だまりに目を向けると、

変身しようと這い出してきた変形体がたくさん。

変身中の未熟な子実体もたくさん。

黒ずんだ落ち葉の表面をよく見ると、

葉脈に重なる黒光りした筋があります。

変形体が這った痕跡です。

いま、ここは変身志望者たちで大にぎわいです。

交わらない時間。

できたての子実体が輝きを放ち始めたところに、
群れから離れた1匹のアリが通り過ぎて行きました。
休まずせわしなく動くアリの時間。
昨晩か、もっと前からこの場所でゆっくりと、
そして懸命に変身し、
その最終盤までこぎつけた子実体の時間。
こんなに近いのに、お互いの時間は交わらないまま。

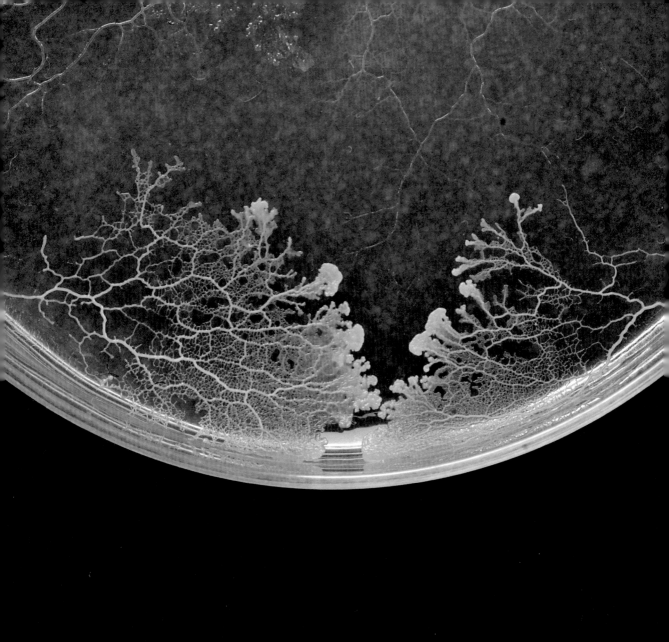

「あなたは私になれる？」

変形体は別の個体どうしがくっついて
ひとつの「自分」になるという特技を持っています。
でも、相手は誰でもいいというわけではありません。
同じ種であっても「自分になれる相手」かどうかを、
ときには数時間もかけて厳密に見分けるのです。
ここにいる2匹は正面から出会い、
いままさに「自分になれる」かどうかを
判断しようとしているところです。
じっと考え込むような変形体たちからは
ドキドキが伝わってくるかのようです。

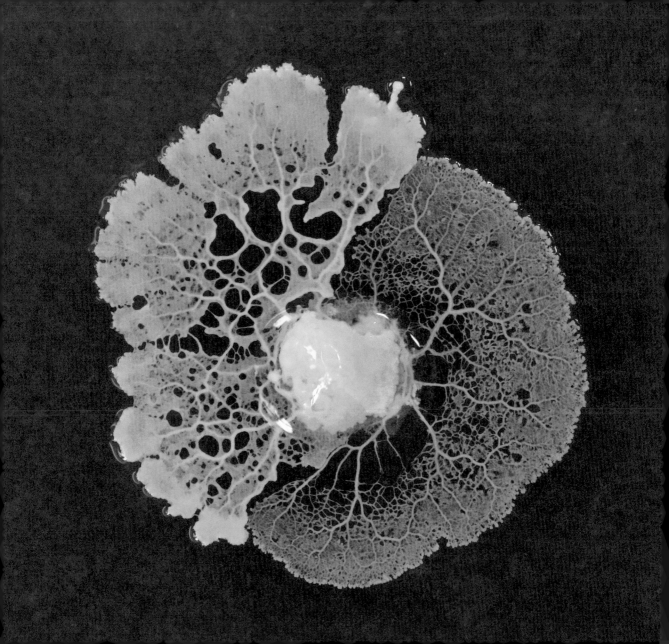

「わたし」と「ワタシ」

変形体は、同じ種どうしでだけ、

くっついてひとつの「自分」になることができます。

でも同種であっても、

くっつける組み合わせはとても稀です。

では「自分になれない」組み合わせが

「くっつかされて」しまったら、どうなるでしょう？

ひとつになったかのように見えましたが、

16時間を経てこのようにきれいに分かれて行きました。

50km以上離れた場所で生きてきたこの2匹は、

同種であるにもかかわらず

全く異なる表情を見せています。

互いに「自己」を主張するかのように。

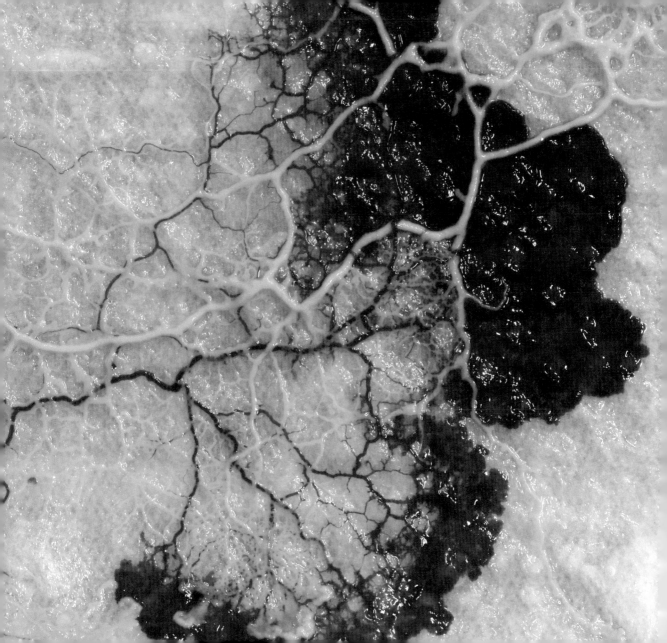

これで意外に平和。

この赤いのと黄色いのは、異なる種の変形体です。

種が違うので、くっついてオレンジ色になったりはしません。

同種どうしの場合はくっつけない相手と出会うと、

そっと避けていくような動きをすることが多いのですが、

異種どうしの場合は、このように相手に乗っかったり、

絡みあったり、やりたい放題です。

でも相手のことを攻撃などしませんし、

お互いのことを全く気にしない様子です。

逆さ？ 気にしない。

私たちから見て逆さ向きにできた、
高さ1mmほどの小さな子実体。
コケにぶら下がるように下向きになっていても、
いつもと同じ姿と大きさにできています。
変形菌の子実体って、上向き、横向き、下向き、
どんな体勢ででも同じ形にできるのです。
キノコなんかだと、横から生えてもグニュっと曲がって
全体は「上」を向いているのをよく見かけます。
変形菌の子実体は「向き」を無視しているかのようです。

ひそひそ話。

いつもは忙しく動き回っているワラジムシが、
子実体にじっと寄り添っています。
「調子はどうだい？」
「うん、上手にできた！（子実体変身が）」
そんなひそひそ話が聞こえてきそうな昼下がり。

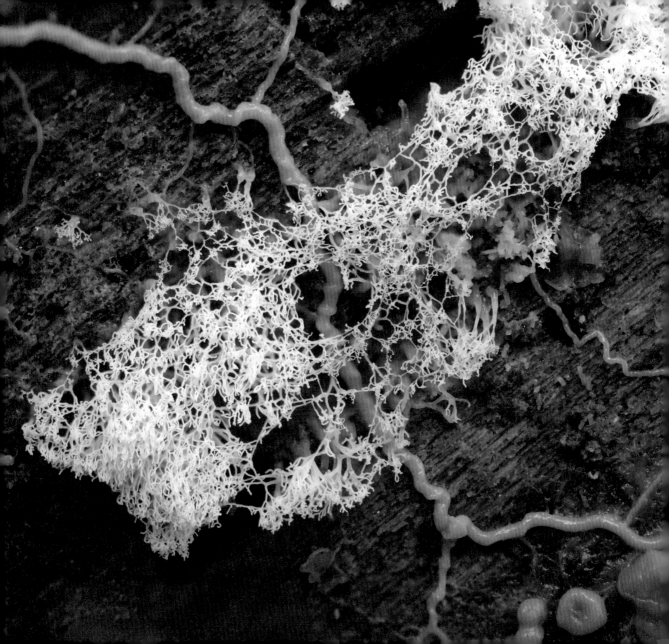

キ ノ コ の 方 が い い や 。

1m近くもある超大物の黄色い変形体が、

左上から右下に進んでいるところです。

その途中で白い子実体と出会い、その下をくぐっていきます。

よーく見ると、太さ1mm以上もある

メインの管から細い管がたくさん出て、

白い子実体を登っていこうとしていますね。

でも、変形体はその先（右下）で

大好物のキノコを見つけました。

そうなったらもう、白い子実体なんかには目もくれず、

キノコへまっしぐら！です。

| *Physarum rigidum*　イタモジホコリ　変形体
| *Ceratiomyxa fruticulosa* var. *flexuosa*　ナミウチツノホコリ　子実体

行きたいところへ、どこにでも。

植物の生い茂るところは、さまざまな生きものの領分？
石畳の側は人間の領分？
そんなことは変形菌たちの知ったことではありません。
元のすみかから這い出し、
乾いた明るいところを求めて人の世界にまで足を伸ばし、
灰色の子実体に変身しました。

始まりの終わり。

赤くて高さ2cmほどもある大きな子実体が、

約7cmの範囲にびっしりと密集しています。

スポンジのように見えますね。

この部分にぎっしりと詰め込まれていた胞子たちは、

もうほとんど旅立っていったあと。

風が吹いてきました。

でも胞子は舞い上がらず、

ただゆらゆらと「赤いスポンジ」が揺れるばかりです。

さあ、いっしょに。

梅雨に濡れた街路樹が

コケの緑をまとって生き生きとしています。

このコケは赤く縁取られた部分から、

緑色の胞子を出しています。

変形菌の胞子よりもかなり大きく、

ツブツブが見て取れますね。

さらによく見ると、いました！

コケによじ登り、乗っかったり、

しがみついたりしているのは変形菌の白い子実体。

1mmほどの大きさです。

コケといっしょに、自分も胞子を飛ばすぞ！

と張り切っています。

かなたの星より。

キミミズフクロホコリの子実体は、
ひとつひとつが全く異なる図形を描き出します。
それはまるで、見つけた者に
何かを伝える異星の文字のようです。

折り重なる自然。

ある日、樹皮の表面にムラサキホコリのなかまが
1㎝以上もある背の高い子実体を作りました。
しばらくして胞子を飛ばし終わり、
黒い針金のような柄だけが残ったころ、
トゲケホコリがやってきました。
いつもなら樹皮に広がるところですが、
わざわざムラサキホコリの上によじ登り、
黄色い子実体を作りました。
胞子を飛ばしていると、
そこにクモがやってきて網を張りました。
そうして早春の冷たい風が吹き抜ける森に、
見たこともない奇妙な姿ができあがりました。

| *Trichia favoginea* var. *persimilis*　トゲケホコリ　子実体
| *Stemonitis* sp.　ムラサキホコリのなかま　子実体

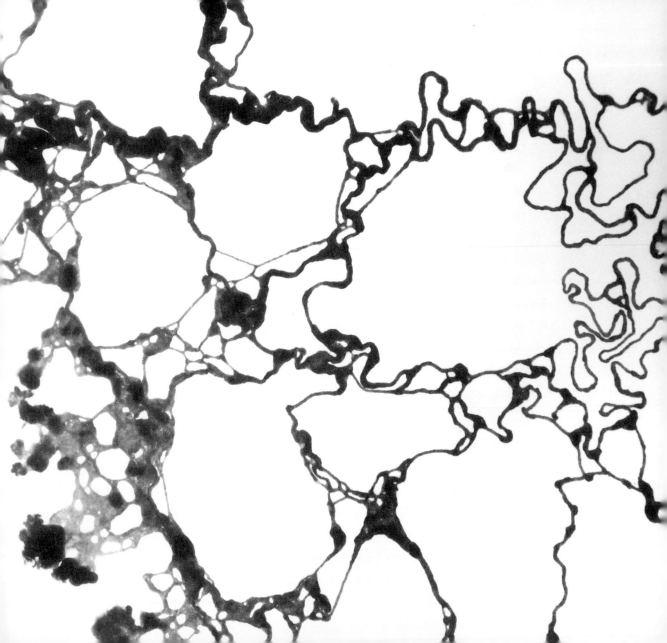

川の流れのように。

大きく蛇行する川のようにうねる変形体。
水びたしの「地に足がつかない」状態では、
こんな表情を見せてくれることもあります。
川のような管のつながり全体は
たったひとつの細胞でできていて、
そのなかを行きつ戻りつ
すごいスピードの流れが巡らされています。
ひとつの細胞に核はひとつと思いがちですが、
変形体は無数の核を持ち、
しかもそれらが流れにのって
体のなかを動き回るのです。

「ここから見ている」

　　大群生している子実体たち。

　　遠目には真っ黒にしか見えないのですが、

　　グッと迫ってみると全く異なる姿がそこにありました。

　　直径1㎜ほどのツブツブ（胞子が詰まっている子嚢）に、

　　森の大きな樹々たちが閉じ込められています！

まだ続く。

夕方、雨が止みました。
落ち葉だまりの奥から
変形体が這い出してきています。
ここで子実体への変身を始めるのか、
それとも再び落ち葉の奥へと潜り込んで、
さらに成長するのか。
西日に照らされながら
考え込んでいるようにも見えます。

今日もあなたのとなりで。

都市の喧騒のなかにある緑。

朝、そこをたくさんの人が行き交います。

仕事や学校に出かける人、散歩をする人。

通り過ぎる人たちは、

すぐ脇にある切り株には目もくれようとしません。

でも、そこには変形菌たちの生きる姿があります。

黄色い変形体が爆発的に躍動する物語

（P24-25「止まらない生。」）も、

その真上で風を待つ子実体の静かな物語

（P36-37「風を待つ。」）も、

あなたのすぐとなりで日々紡がれているのです。

| *Stemonitis* sp.　ムラサキホコリのなかま　子実体
| *Physarella oblonga*　チョウチンホコリ　変形体

索引

変形菌の種のなまえ

種の呼び名には、和名と学名があります。和名は日本語での呼び名。

「イタモジホコリ」のように、変形菌はみんな「ホコリ」がつきます。

学名は世界共通の呼び名で、イタモジホコリは *Physarum rigidum* です。

Physarum は変形菌のなかの「モジホコリのなかま（モジホコリ属）」であることを表します。

簡単に言えば「*Physarum* さんちの *rigidum* くん」ということです。

学名は主にラテン語で、ギリシア語なども使われています。

アカモジホコリ *Physarum roseum* は「バラ色の」という意味のラテン語からきています。

ジクホコリ *Diachea leucopodia* は、

ギリシア語 leukos と podion で「白い足」という言葉からきています。

ぜひ写真を確かめてみてください！

変形菌と呼ばれる生きもの

変形菌は、学術的には Myxomycetes と呼ばれます。「ネバネバの菌」という意味です。英語では slime mold で、これまた「ネバネバの菌」という意味。「粘菌」という呼び名になじみのある方も少なくないと思いますが、これも要するに「ネバネバの菌」ですね。今日の分類からすると「粘菌」はかなり曖昧な呼び名で、変形菌以外の生物グループを含んでしまいます。だから変形菌は「かつて粘菌と呼ばれたことがある生物のひとつ」と言えるでしょう。

変形菌は、その変わった見かけや生態ゆえに、過去には動物のなかまとされたことも、植物のなかまとされたこともあり、20世紀後半まで「菌類」という見方もされていたそうです。でも今日では、そのどれとも異なるグループ（アメーボゾア）に属していると考えられています。

変形菌とされるグループのなかですら、生態などが大きく異なる種がまだたくさん混じっていると考える人もいて、これからも変形菌という生物をどう捉えるかについての議論は続いていくのでしょう。

変形菌の種を見極める

変形菌の種同定（見つけた変形菌が何の種であるかを見極めること）はとても難しいです。主流のやり方は形態学的同定で、簡単に言えば「見た目」で決めることです。子実体の全体、その内部の構造、胞子の形や大きさ、色などを詳細に観察して判断します。もともと小さなものについての微々たる違いを見極めないといけないので大変です！

つまり種同定のためには子実体（とそのなかの胞子）が必要ということになります。変形体だけでは、色や形について種ごとの違いがはっきりしないので種同定ができないとされています。

この本で、例えば「*Stemonitis* sp.」と表記しているのは、*Stemonitis* のなかま（ムラサキホコリ属）であることまではわかったけれど、それ以上詳しくはわからなかったというものです。そのほとんどは標本採取ができず詳細に調べられなかったケース、または変形体だけしか見られなかったケースです。

アカデミックな研究では厳密な種同定が求められるのはもちろんですが、ぼく自身は変形菌という存在に対して「種が何であるか」よりも、その不思議さ、美しさ、かわいさに惹かれる気持ちの方が大きいです。

変形菌の「自己」、生きものにとっての「自己」

変形菌の変形体は、巨大な単細胞生物です。どんなに大きく育っても、複雑な形に変化しても、たったひとつの細胞でできています。数㎜でも1m超えでも、1匹は1匹（1個体）。

変形体には特技があります。まず体が複数に切れ分かれてしまっても生きていけること。外からの力が加わって切れても、ほとんどの場合は大丈夫。飼育ケースやシャーレの壁に行き当たると、そこで2個体に分かれて進んでいくこともよくあります。

さらに、2個体以上がくっついて（融合して）1個体となって生きていくこともできるところがすごいです。切れ分かれた2個体の「自分」どうしなら再びくっついてひとつの「自分」に戻れます。でも、その融合相手は誰でもいいわけではなく、同種といえども変形体どうしがくっつくことは本当に稀なのです。ぼくが試したところでは、ひとつの大きな森のなかにイタモジホコリの「くっつけるグループ」が複数あることがわかりました。グループ内の変形体たちはくっつきますが、このグループ外の変形体とはくっつくことができません。見つけた場所の距離が数十㎝しか離れていない子たちでも、くっつく子とくっつけない子がいたのです。

2個体の変形体は、出会うと多くの場合、お互いを確かめ、考え込むように動きを止めてじっとしています。数分、ときには数時間たってから動き出し、融合したり相手を避けたりします（P76-77「あなたは私になれる？」を振り返ってみてください）。

相手とくっつけるかどうかの判断は、お互いに触れ合って行われる場合も多いが、相手に触れずに行われることもある。そのことを発見したときは、とても驚きました。そしてこの非接触による判断は、変形体が自ら出している透明な粘液に触れることで行われていることもわかりました。「自己」に関する情報を環境に発信して、それをお互いに受信し合うことで自己と（くっつくことができない）非自己を見分けているという有様が少しずつ見えてきています。ぼくはこの変形体の自他認識行動の秘密を解くことに9歳のころから今日までずっと夢中になっています。

変形菌の「自己」のあり方を解き明かすこと。それを通じて、ぼくはもっと変形菌のことを理解したいですし、人間や生きものたちにとっての「自己」とは何なのか、これからの「自己」はどうなるのかを知りたいと考えています。

あとがき

この本をお手にとってくださり、ありがとうございました！

ぼくは5歳で変形菌と出会って以来今日まで、老若男女たくさんの人々と変形菌を通じてお話しする機会がありました。そこで気づいたことがあります。多くの人は、変形菌が生きものに見えないようで、「動くんですよ」と言うとびっくりされることもしばしば。そして、変形菌のことを語っていくと「だんだんかわいく思えてきました！」とも。この経験が、20歳のいま、この本を書きたいと考えた動機になっています。

「変形菌は生きている。懸命に、しなやかに、美しく。そのリアルな姿をみんなに伝えたい」。この思いは、本のタイトル『変形菌ミクソヴァース』にも込められています。ミクソヴァース（myxoverse）とは、「ネバネバな（myxo）生きものたちの世界（universe）」「ネバネバな（myxo）生きものたちが紡ぐ詩（verse）」を表す、この本のためにぼくが考えた造語です。

ミクソヴァースを少しでも楽しんでいただけたらうれしいです。そしてもし変形菌と出会ったら、ぜひ「生きもの」として接してあげてほしいと思います。

ぼくはいまも、慶應義塾大学 先端生命科学研究所の冨田勝先生、荒川和晴先生、河野暢明先生のご指導をいただきながら、日々変形菌たちとの出会いを求め、変形体たちと暮らし、変形体の自他認識についての研究を進めています。その全てがこの本を形作る力となりました。また、掲載された変形菌の種同定については越前町立福井総合植物園 園長の松本淳先生にご協力いただきました。変形菌の探索と撮影にあたっては日本変形菌研究会のみなさま、ミュージアムパーク茨城県自然博物館の鵜沢美穂子さん、さいたま緑の森博物館の長谷川勝さん、利根沼田自然を愛する会の古見満雄さんをはじめとするみなさまにお世話になりました。撮影機材については公益財団法人 孫正義育英財団からのご支援をいただきました。プラスタスデザインの柴田尚吾さん、大日本印刷のみなさまは、この本をかっこよく仕上げてくださいました。ぼくが13歳のときにご縁ができた集英社 学芸編集部 編集長の菅原倫子さんのご尽力のおかげで、この本を世に出すことができました。

みなさまに心より感謝いたします。

2021年12月　増井真那

主要参考文献

Clark, J.; Haskins, E. F. Plasmodial incompatibility in the myxomycetes: a review. Mycosphere. 2012, vol. 3, no. 2, p. 131–141.

Clark, J.; Haskins, E. F. Myxomycete plasmodial biology: a review. Mycosphere. 2015, vol. 6, no. 6, p. 643–658.

Fiz-Palacios, O.; Romeralo, M.; Ahmadzadeh, A.; Weststrand, S.; Ahlberg, P. E.; Baldauf, S. Did Terrestrial Diversification of Amoebas (Amoebozoa) Occur in Synchrony with Land Plants? PLOS ONE. 2013, vol. 8, no. 9, e74374.

Gray, W. D.; Alexopoulos, C. J. Biology of the Myxomycetes. The Ronald Press Company, 1968, 288p.

Lacey, J. Spore dispersal ― its role in ecology and disease: the British contribution to fungal aerobiology. Mycological Research. 1996, vol. 100, no. 6, p. 641–660.

増井真那 . 世界は変形菌でいっぱいだ . 朝日出版社 , 2017, 152p.

Masui, M.; Satoh, S.; Seto, K. Allorecognition behavior of slime mold plasmodium—*Physarum rigidum* slime sheath-mediated self-extension model. Journal of Physics D: Applied Physics. 2018, vol. 51, no. 28, 284001.

Nietzsch, F. W. Also sprach Zarathustra: Ein Buch für Alle und Keinen. Project Gutenberg, 2003. https://www.gutenberg.org/ebooks/7205 （原著 1883, 1884, 1885）

Rakoczy, L. Observation on the regeneration of the plasmodium of the myxomycete *Didymium xanthopus* (Ditm.) Fr. Acta Societatis Botanicorum Poloniae. 1961, vol. 30, no. 3–4, p. 443–462.

Rikkinen, J.; Grimaldi, D. A.; Schmidt, A. R. Morphological stasis in the first myxomycete from the Mesozoic, and the likely role of cryptobiosis. Scientific Reports. 2019, vol. 9, no. 19730.

Schnittler, M.; Tesmer, J. A habitat colonisation model for spore-dispersed organisms—Does it work with eumycetozoans? Mycological Research. 2008, vol. 112, no. 6, p. 697–707.

Schnittler, M.; Novozhilov, Y. K.; Romeralo, M.; Brown, M.; Spiegel, F. W. Fruit body-forming protists: myxomycetes and myxomycete-like organisms (Acrasia, Eumycetozoa). Frey, W., ed. Syllabus of Plant Families, Part 1/1. Blue-Green Algae, Myxomycetes and Myxomycete-Like Organisms, Phytoparasitic Protists, Heterotrophic Heterokontobionta and Fungi. 13th ed. Borntraeger Science Publishers, 2012, p. 40–88.

Stephenson, S. L.; Rojas, C., eds. Myxomycetes: Biology, Systematics, Biogeography and Ecology. 2nd ed. Academic Press, 2021, 584p.

矢島由佳 . 根雪の下の美しい変形菌の多様性―日本の好雪性変形菌 . 土と微生物 . 2020, vol. 74, no. 1, p. 20–25.

山本幸憲 . 日本変形菌誌 . 日本変形菌誌製作委員会 , 2021, 1135p.

Yoshiyama, S.; Ishigami, M.; Nakamura, A.; Kohama, K. Calcium wave for cytoplasmic streaming of *Physarum polycephalum*. Cell Biology International. 2010, vol. 34, no. 1, p. 1065–6995.

増井真那（ますい　まな）

2001年東京生まれ。5歳で変形菌に興味を持ち、6歳から野生の変形菌の飼育を、7歳から研究を始める。日本学生科学賞 内閣総理大臣賞など多数の受賞歴をもつ。17歳で国際学術誌に論文が初掲載された。フィールドワークで得た経験と、「変形菌の自他認識」をテーマとした研究知識をもとに、変形菌の魅力を世に広めるべく日々精力的に活動中。講演会やワークショップ、メディア出演など幅広く活躍する。本書は『世界は変形菌でいっぱいだ』（朝日出版社）に続く2冊目の著書。慶應義塾大学 先端生命科学研究所所属。公益財団法人 孫正義育英財団　正財団生。日本変形菌研究会、日本生態学会、日本進化学会、日本菌学会会員。

ウェブサイト：https://mana.masui.jp　Twitter：@manahenkeikin

へんけいきん
変形菌ミクソヴァース

2021年12月20日　第1刷発行

著者	増井真那 ますいまな
発行者	樋口尚也
発行所	株式会社　集英社
	〒101-8050　東京都千代田区一ツ橋2-5-10
	電話　編集部　03-3230-6141
	読者係　03-3230-6080
	販売部　03-3230-6393（書店専用）
印刷所	大日本印刷株式会社
製本所	株式会社ブックアート
ブックデザイン	柴田尚吾（PLUSTUS++）